主　编:包铭新　　　　　　　作　者:王　乐　李　甍　张国伟
副主编:沈　雁　张国伟　　　　　　　　沈　雁　万　芳

主　编:包铭新
副主编:沈　雁　张国伟

沈　雁　万　芳

从田园到城市
四百年的西方时装

主　编　包铭新

副主编　沈　雁　张国伟

东华大学出版社·上海

图书在版编目（ＣＩＰ）数据

从田园到城市:四百年的西方时装 / 包铭新主编
. -- 上海:东华大学出版社, 2019.3
ISBN 978-7-5669-1555-9

Ⅰ.①从… Ⅱ.①包… Ⅲ.①服装－历史－西方国家
Ⅳ.①TS941.743

中国版本图书馆CIP数据核字(2019)第052912号

责任编辑:马文娟
封面设计:李　爽

从田园到城市 : 四百年的西方时装

CONG TIANYUAN DAO CHENGSHI:SIBAINIAN DE XIFANG SHIZHUANG

主　编:包铭新
副主编:沈　雁　张国伟

出　版:东华大学出版社(上海市延安西路1882号,邮政编码:200051)
本社网址: dhupress.dhu.edu.cn
天猫旗舰店:http://dhdx.tmall.com
营销中心:021-62193056　62373056　62379558
印　刷:杭州富春电子印务有限公司
开　本:889mm×1194mm　1/16
印　张:12
字　数:422千字
版　次:2019年6月第1版
印　次:2019年6月第1次印刷
书　号:ISBN 978-7-5669-1555-9
定　价:198.00元

目录

序

包铭新

这里展示的是近四百年来的西方时装。所谓西方时装,是指欧美发达国家的主流时装。在四百年中,前三百多年主要是欧洲时装;20世纪下半叶开始,特别是70年代以来,美国和日本的时装也登上了历史舞台。这四百年人类的服装逐渐可以用"时装"(Fashion)这个词来指称。

时装与普通服装的不同之处,首先是有一个变化中的时代特征,一个有起有伏流行的周期。其次,时装与艺术的关系更为密切。17世纪的时装与巴洛克艺术、18世纪的时装与洛可可艺术都相互渗透,相互影响。19世纪,时装则分别能与当时的新古典主义、浪漫主义以及维多利亚风格等一一对应。20世纪以来,我们不难在时装领域内发现新样式、迪考艺术、超现实主义、爵士音乐、波普艺术、视幻艺术、披头士音乐、嬉皮士文化、少数民族风格、摇滚音乐、雅皮士文化等各种影响。

西方时装又是当代国际时装的核心和主流。虽然当代国际时装日益多元化,东方的、区域的、亚洲的、非洲的、南美的以及各种分支文化的元素不断交融汇合,但是西方时装的影响仍然非常大。

近几十年来,中国内地的时装业发展迅速。高等设计院校几乎都开设了时装设计课程。时装设计以及相关专业的师生非常需要近距离接触、观察和分析西方各个时期的典型时装和出版的作品,而社会上热爱时装,希望能亲眼目睹这些西方时装文化精品的人群也是为数众多。他们为此目的不远万里奔赴世界各地博物馆和博览会。但是,一直到最近,我们的博物馆中才出现了西方时装或国际时装的收藏。中国丝绸博物馆在短短几年内创建的这个西方时装藏品体系,就是为了满足人们这方面的需要。

一、17-18世纪西方服饰艺术

16世纪末，西班牙经济的衰落使其失去了时尚领域的主导地位，而法国重建了她在时尚界的威望。路易十四的逐渐强盛标志着艺术、建筑、音乐、时尚领域的典型巴洛克时期的到来。这是一种用自然、弯曲的轮廓，流畅的线条，黄金的装饰，丰富的色彩和通体的涡卷装饰来诠释的艺术风格。时尚改变得很快：正在成长的中产阶级会模仿贵族们的风格，而贵族们则为了追求比中产阶级更为"精致"而创造出新的时尚。17—18世纪的西方服饰大致可以分为巴洛克和洛可可两个时期。

I 奢华时代 / 夸张演绎

　　巴洛克时期服装或许并不像文艺复兴时期服装那样过度地使用大量装饰，但它也极尽奢华地装饰着大量的蕾丝花边、珍珠、丝带和金色的刺绣。与早期胸衣、袖子、裙子、夹克、裤子多用来混合搭配不同，巴洛克时期的服装追求成套的搭配，通常用一种面料制成。季节性也开始在服装设计中加以考虑，这对于文艺复兴时期整年穿着长袍和紧身上衣的人们来说是极大的解放。

紧身胸衣

16—18世纪流行于欧洲的一种上装,袖子可脱卸或者无袖。为了塑型并支撑胸部,胸衣往往使用藤条或者鲸须来定型。胸衣通常在前面系带闭合,侧面和背面系合的胸衣为能够雇得起仆人协助穿衣的富人所穿着。

面料局部放大图

礼裙

编号:2016.10.14
年代:17世纪末期

这件17世纪末期的礼裙用当时非常珍贵的织锦缎面料缝制而成,它充分表明了拥有者对财富和社会地位的炫耀。数根鲸骨支撑的紧身上衣后背用丝带闭合,下部的裙运用大量的丝绸面料营造奢华的体积感。三角胸衣在银色的地上用绿色的丝线和金属线精心绣出圆形纹样。橙红色织锦袖克夫与翠绿的裙子底色形成对比的同时,又呼应了面料图案中的康乃馨和其他花卉图案的色彩。

三角胸衣

　　三角胸衣是用于装饰女性外衣或者紧身胸衣前部的三角形的饰物，呈倒三角形，通常缝或者钉在胸衣前面，或者由胸衣的系带固定。

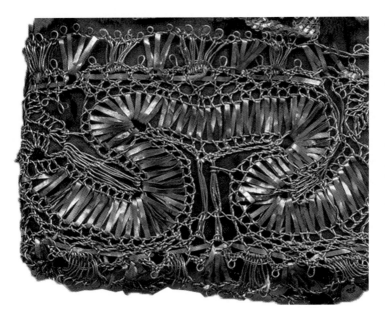

手套

编号：2016.10.12
年代：17世纪60—80年代

　　这副手套由皮革制成，口沿装饰着黑色丝带和金色金属线蕾丝。精美的蕾丝意味着该手套搭配服装的装饰性胜于防寒保暖的功能性。

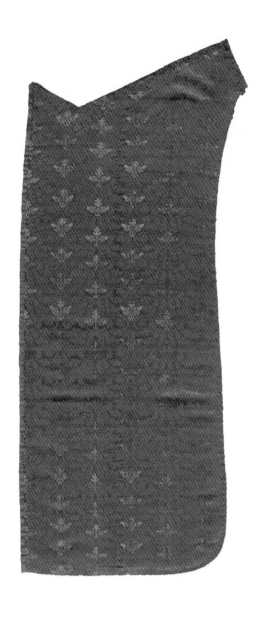

织锦

编号:2016.10.6
年代:17世纪50年代
尺寸:109厘米×40厘米

　　这块织锦来自于一件17世纪的服装,暗红色地上布满花叶纹,鲜艳的绿色和黄色的叶片凸显出白色的花朵。设计师利用色彩对比,使得织物图案层次分明。

▷

织锦

编号:2016.10.5
年代:17世纪
尺寸:102厘米×51 厘米

　　这块色彩亮丽的织锦属于一件17世纪精美的礼裙,鲜艳的绿色地上密布粉色的花朵和两种色调的黄色叶片,银线织出的图案产生一种涡卷状的效果。

织锦

编号:2016.10.4

年代:17世纪50年代

尺寸:63.5厘米×66厘米

这是一块织锦缎,深蓝色的缎纹地上用浅珊瑚色、黄色和白色的纬线织出八种不同的小花枝,二二错排。

织锦

编号：2016.10.2
年代：17世纪20—40年代
尺寸：119.4厘米×54.6厘米

这块织锦以蓝色夹杂银色为地，上面用银线织出散点的花朵纹样，二二错排，相邻两排的图案呈镜像对称。

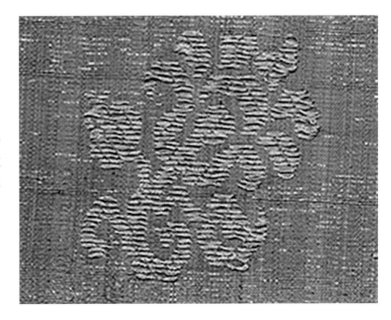

◁

织锦

编号:2016.10.7
年代:17—18世纪
尺寸:93厘米×82厘米

　　这是一块不规则形状的织锦
缎,背衬暗红色丝织物。图案为深
红色地上织出白色的大花卉纹,局
部黄色勾边,并用粉色、蓝色和绿
色加以点缀。

▷

天鹅绒

编号:2016.10.1
年代:17世纪
尺寸:146 厘米×53 厘米

　　14—17世纪,意大利以生产华
丽的丝绒面料而闻名。织工们采用
各种耗工耗时的技艺,并使用金属
线织造出奢华的面料,此类彩色绒
织物曾在欧洲尤其是西班牙非常
流行。这块天鹅绒面料在金色的地
上密布插满花卉的花瓶和叶形装
饰纹样,穿上以该面料制作的服
装,光彩熠熠。

II 宽大裙摆/绚丽精致

　　18世纪的时尚以繁缛的装饰而闻名：精致的假发、奢华的刺绣和蓬松的裙摆。一个新的女装廓型发展了起来，它使得裙摆向两侧扩张的巴尼尔裙撑成为日常穿着的内衣。夸张的宽大裙撑用于正式场合，平时则穿着窄一些的裙撑。腰部被紧身胸衣紧紧束缚，与宽大的裙子形成对比。低胸领也变得常见，裙子通常是在前面打开的，露出衬裙。男人们一般穿着上衣、背心和马裤。背心是最具装饰性的部分，往往绣满了图案或采用有图案的织物。脖子上依然围着蕾丝装饰品。马裤通常到膝盖处，膝盖下面穿着白色的丝袜和饰有大方扣的高跟鞋。与巴洛克时期的宽松造型不同的是，外套通常更合体。

巴尼尔

18世纪被广泛使用的一种裙撑,用鲸须、金属丝、藤条或较轻的木料和亚麻布制作而成。

亚麻和鲸须制成的巴尼尔裙撑
美国大都会艺术博物馆
约18世纪中期

丝绸、藤条和金属制成的巴尼尔裙撑
美国大都会艺术博物馆
18世纪60—70年代

巴尼尔裙
中国丝绸博物馆
18世纪70—80年代

礼裙

编号:2015.35.9
年代:18世纪70—80年代

礼裙上部为前闭合的紧身胸衣,裙摆前开口,露出衬裙。面料中织有银线,图案地部为宽窄交替出现的条纹,上面织有花卉和藤蔓。

华托裙

　　源于画家让-安东尼·华托的作品并以其名字命名的长裙。它是穿在紧身胸衣和衬裙外的一种宽松长裙，其特点是从后颈处向下做出一排整齐规律的褶裥，垂拖到裙摆处散开，背后的裙裾蓬松，走路时裙摆会徐徐飘动。

《热尔森画铺》（局部），让-安东尼·华托，1720年

华托裙

编号：2015.35.4
年代：18世纪50—80年代

　　整套服装包括胸衣、衬裙和长袍，面料为织锦，奶油色地上织有竖琴、丰饶角以及花边装饰的彩色条纹。

波兰裙

　　波兰裙是一种18世纪70或80年代出现的源于波兰的民族服饰,穿在衬裙外,罩裙下方为圆摆。

　　这件裙保留了最初内部安装的系带,带和环仍然完好,可以将背部收起。面料为织锦,在香槟色和珊瑚色的条纹上用乳白色和绿色织出花朵和蓓蕾。

波兰裙

编号:2015.35.3
年代:18世纪70年代

"怪异风格"丝绸

编号:2016.10.9
年代:17世纪末至18世纪初
尺寸:246.4厘米×51.4厘米

　　17世纪末至18世纪初,"怪异风格"丝绸流行于欧洲,其图案起源于东方,形状奇特,充满异域风情。图案通常较大且不对称,包括几何纹、程式化的花叶纹、亭台、拱门和围栏等。

　　该织锦缎由金属线织出大面积的建筑、托架和涡卷形装饰,用绿色和橙黄色勾边。建筑物之间填以红色,上面用黄、蓝、绿、紫和白等颜色的纬线织出精巧的花卉和枝叶图案。

"怪异风格"丝绸

编号:2016.10.8
年代:17世纪末至18世纪初
尺寸:218.4厘米×51.4厘米

　　这块织锦缎以蓝色为地,上面用象牙色和金色的纬线织出两条竖直的大型不对称图案。图案主题为带有异域风情的花卉、叶片和水果。

毛锦

编号:2016.10.10
年代:18世纪50年代
尺寸:111.8厘米×38.1厘米

　　此件织锦的地组织以紫色毛线为经线,白色毛线为纬线,交织出紫色地上白色的花卉和石榴花枝。然后再用红色、黄色、橙色和粉色的羊毛纬线用回纬的织法局部点缀彩色的花瓣。

长裙

编号:2015.35.8
年代:18世纪60年代

　　该长袍由"怪异风格"织锦缝制而成,背部合体,前开口。面料底色为象牙色,图案为结有果实、枝繁叶茂的大树,充满异域风情。

长裙

编号:2015.35.7

年代:18世纪60年代

　　此套服装包括一件完整的衬
裙,前开口的长裙和匹配的三角胸
衣。裙无衬里,前面饰有宽大的单
条荷叶边作为裙子的褶边,袖口饰
有三层褶裥。丝绸图案是在深粉色
圆点的地上装饰着大型的花束与
小花形成的曲折十字形。

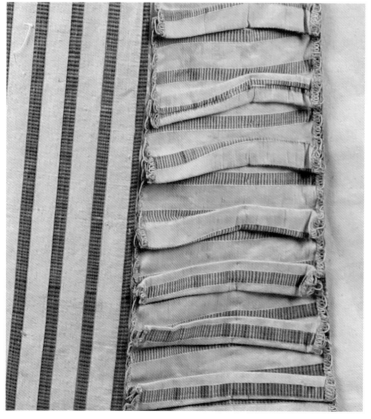

长裙

编号：2015.35.6
年代：18世纪

　　条纹长裙，前部正中央饰有相同面料制作的褶皱和蝴蝶结，裙摆和紧身胸衣内部有衬。

长礼服和马甲

编号：2015.35.1

年代：18世纪90年代

　　这两件服装应该曾属宫廷套装，与天鹅绒马裤配套穿着，脖子处应有蕾丝花边领饰。礼服面料为褐色割绒，装饰华丽的彩色花卉纹刺绣，袖口呼应象牙色蕾丝。马甲面料为象牙色丝绸，上面用彩色丝线绣出与礼服刺绣同类型的花卉。

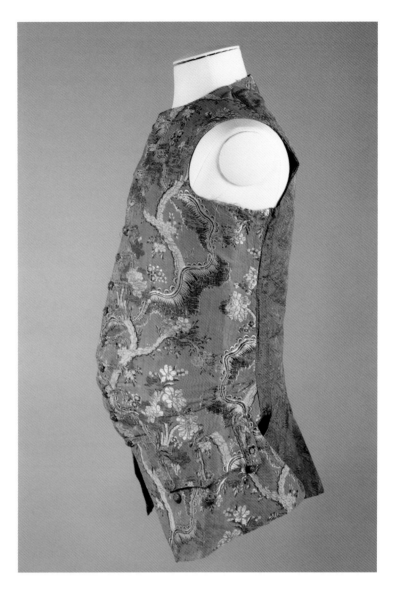

马甲

编号:2014.1.944
年代:18世纪

 这件马甲前门襟有13粒钮扣,下摆微扩,侧下处开衩,开衩处的前后片延伸出三角状的叠合。侧面有两个口袋,口袋夹棉。前片的面料为蓝色织锦,浅蓝色地上用白色、蓝色、金色和银色的纬线织出树干和花叶图案。后片面料为蓝色高花织物,图案为斜向交替变化的实线和虚线段上竖直排列卷叶花枝。

二、19世纪西方服饰艺术

19世纪，工业革命在英国兴起后，很快便传播至欧洲大陆、北美和日本。随着时代的进步，服装也开始渐渐凸显女性身体的原貌。19世纪的西方服饰大致可分为五个时期：一为新古典主义时期，二为浪漫主义时期，三为克里诺林时期，四为巴瑟尔时期，五为欢乐年代。

I 古风新绎／浪漫风潮

　　19世纪前20年，高腰线的帝政样式服装仍然十分流行。但在其他领域，新古典主义的影响已经渐渐减弱。19世纪20年代末，女性的装扮迅速转向浪漫主义风格。内裙的层叠使得裙身鼓起成钟形，袖形膨大，配以卷曲的发型，构成了女性X型的外轮廓。19世纪30年代，袖子的膨胀部位开始下落至肩肘部。裙子的袖形虽然变窄，但是裙身仍然通过多层内裙的支撑，持续膨大。

裙

编号:2015.35.2
年代:19世纪00—20年代

　　这是典型的帝政时期的裙,高腰线,裙摆下有褶边装饰。这条裙子应当是基本的日常服装,与有颜色的短夹克搭配穿着。

《波拿巴夫人》,弗朗索瓦·热拉尔,1801年

帝政样式

　　帝政样式流行于新古典主义时期，其形制源于对古希腊和古罗马服装的理想化再现，18世纪末，时髦的女性纷纷开始接受这种古典样式。其特征是高腰线廓型，服装腰线位于胸下围处，裙身自腰线以下自然下垂，形成长而垂褶丰富的裙摆，体现了女性修长的形体。裙装以白色居多，胸下围处时常有异色缎带装饰。

短夹克（复制品）

年代：19世纪上半叶

羊绒披肩

编号：2016.10.13
年代：19世纪10年代
尺寸：246.4厘米×51.4厘米

    在新古典主义时期，长方形的披肩是非常时髦的佩饰，就像这件手工刺绣羊绒披肩。它和白色平纹棉布裙搭配使用，后者是新古典主义标志性的日常着装。

浪漫主义风格

　　浪漫主义风格大约在19世纪30年代达到顶峰。宽大的肩幅、纤细的腰身和鼓膨的裙摆使得服装的整体造型成为X型。宽肩效果主要通过膨大的袖形来达到，这些饱满的袖子造型主要通过内里填充羽绒等材料，再用臂带绑缚支撑而成。当时的袖子造型丰富，羊腿袖和泡泡袖非常流行。

《夏洛特·斯图亚特和路易沙·斯图亚特》，乔治·海特，1830年

细节图，编号：2015.35.5，年代：19世纪10—30年代

裙

编号:2015.35.5

年代:19世纪10—30年代

　　这件晨礼服兼具古典和浪漫主义风格的特征,具有高腰线和蓬袖造型。领围线较低,领口有花边装饰。舒适的外轮廓和质地轻薄的面料显露女性形体的自然曲线,这是19世纪早期帝政风格的主要特点。

上衣

编号：2014.1.36498
年代：1825—1840年

　　这件红色紧身上衣领围宽阔，袖身膨大，腰身纤细，腰部收省。袖子采用了与衣身不同的丝质面料。19世纪20年代初，西方女装的腰线由此前流行了二十余年的及胸位置恢复到正常的腰线水平，紧身胸衣再度回归，成为女性衣橱中的重要服饰品。

裙

编号:2014.1.1063
年代:19世纪20—40年代

　　这件乳白色裙装领围线平展,
袖部蓬松量较大。腰部从胁下向
后,特别是在腰的背部堆积了大量
褶裥,从而形成了蓬松的裙体。裙
子的胸前装饰有同种面料制成的
蝴蝶结。

裙

编号:2014.1.930
年代:19世纪30—50年代

　　这是一件白色V型领缎面长
裙,前胸和袖缘均通过面料的繁复
折叠形成了华丽的装饰效果。

裙

编号：2014.1.35533
年代：19世纪30—50年代

　　这件棕色长裙肩线下落，袖身前倾明显，在胸部和袖口装饰有丝绒镶边。

上衣

编号：2014.1.36681
年代：19世纪30—50年代

　　这件棕色上衣袖部的褶裥使衣身形成了比较夸张的圆形。不对称的前片和数道平行镶边可能是有意模仿军装的设计。

软帽

软帽的使用时间跨度较长，从中世纪延续至今，大多为女性所用。软帽的样式特征很难去概括。一般而言，这个词指代用柔软材质制作，并且无突出檐部的帽子。

软帽是19世纪最常见的女性用帽。女性们带着装饰有精致褶边的丝质软帽，出入于各种公共场合，例如商店、画廊、教堂等，或者去拜访亲朋好友。当软帽发展至有帽舌后，帽舌的前部开始延伸，包覆住前额、下颔和脸颊两侧。大约在1817年至1845年间，一些被称作"烤箱"或"袋子"软帽的帽舌长而阔，佩戴时会遮住女性左右的视线。

软帽

编号：2014.1.36616
年代：19世纪20—60年代

这顶粉色软帽表面用多层精致的蕾丝缝制而成，内衬浅粉色花卉图案棉布里料，顶部系有多个蝴蝶结。

软帽

编号:2014.1.16274
年代:19世纪20—60年代

    这顶软帽的面料使用了蓝色针织物,帽檐很短,周边加以整齐的褶裥。

工业革命与印花技术

　　19世纪的工业革命以及各种科技发明,使得整个欧洲社会商贸发达,文化交流密切。英国的工业革命蓬勃发展,机器生产的大量货物被源源不断地输出到世界各地。英国产的条纹布、格子呢和羊毛呢,以及棉绒布、丝光印花布在当时都十分流行。

　　从19世纪40年代起,精美的印花面料表现出女性气息。越来越多的女性更乐于选择各种印花面料。半抽象图案和柔和的花卉纹样非常流行。同时,新的毛棉面料的使用使得印花机可以印出更加清晰和鲜艳的色彩。

裙

编号:2014.1.3209

年代:19世纪30—50年代

　　19世纪30年代末,之前流行的浪漫、浮夸的风尚已有所改变,袖身不再那样膨大。新式棉毛混纺面料使印花机得以印出鲜艳的纹样,为女性时尚所用。这件裙装领口装饰有蕾丝,前身开襟,装有钮扣,袖身有较小的隆起,腰部有一条饰带,以细褶收腰。裙装使用的面料上印有佩斯利花纹。佩斯利花纹是一种水滴状的植物纹样,起源于波斯,18至19世纪在西方广受欢迎。

裙

编号:2014.1.398
年代:19世纪30—50年代

　　这件裙装的腰部通过大量密集的褶裥,形成了非常合体的X型廓型。红、绿、紫三色条纹的塔夫绸面料,强化了整体轮廓的线条感。

鞋

编号:2014.1.15390

年代:19世纪

　　这双鞋子的图案风格带有异
域风情,方形扣上装饰金属钉珠。

背心

编号：2014.1.34756
年代：19世纪上半叶

　　这是一件乳白色的丝质背心，前身有三个口袋，衣身上的花卉刺绣具有写实风格。

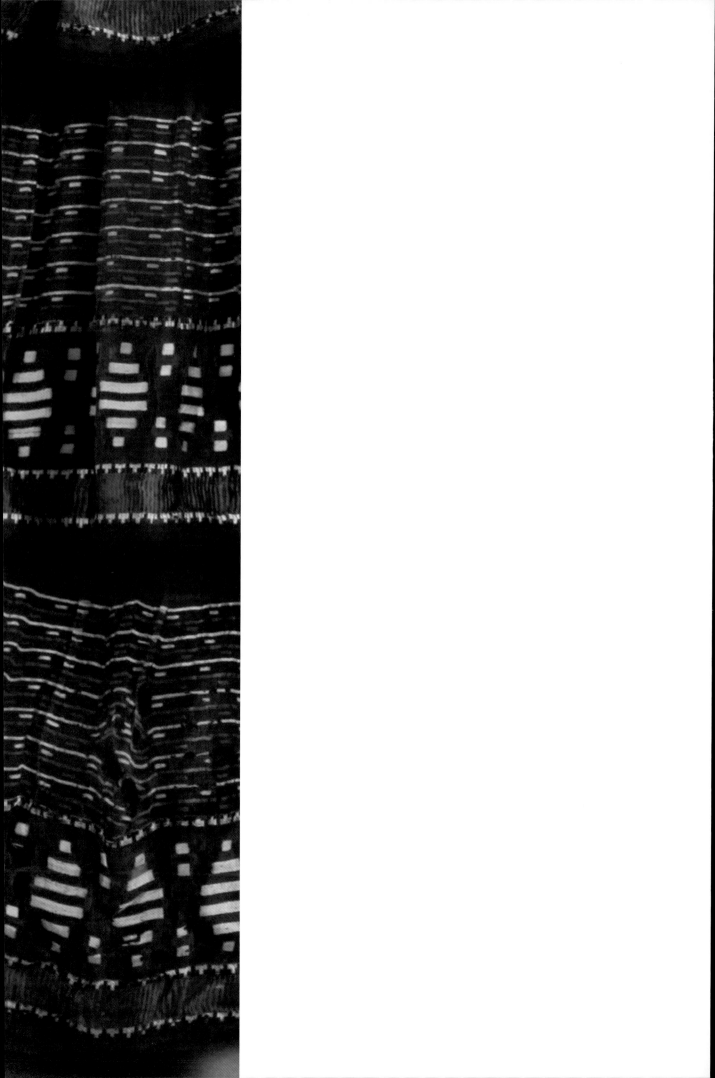

II 裙撑时期／欢乐时光

　　19世纪下半叶是裙撑的时代，其间流行的两种廓型均是以裙撑来命名的。

　　19世纪50年代，一种名为"克里诺林"的钟形裙撑的出现，取代了浪漫主义时期流行的以多层叠衬来膨起裙子的方法。19世纪60年代末，廓型的流行再一次发生戏剧性的变化。裙身不再是围绕穿着者的四周膨起，而是开始集中于身后。19世纪70年代，庞大的克里诺林裙撑消失无踪。女性的衣橱几乎被巴瑟尔裙所占据。

　　19世纪的最后十年，时尚似乎有回流之势。与之前相比，19世纪90年代初的裙装腰部收紧，臀部造型趋向自然。到了1895年，宽肩、窄腰、阔臀的造型又一次流行。19世纪90年代中期出现的羊腿袖，其尺寸随着年代逐渐增大，到1906年不复使用。

裙

编号:2014.1.35595
年代:19世纪30—50年代

　　19世纪50年代早期,通过挂钩
或者扣眼,晨礼服的短上衣一般在
背后闭合。但是这个时期也同时出
现了新时尚:于前襟扣合的夹克式
短上衣开始流行,套穿于内衣外。

克里诺林裙撑

　　克里诺林自19世纪中叶开始流行,其最初是指用马毛、棉或者麻纤维制成的硬布,用来制作衬裙。1856年,状若鸟笼的克里诺林裙撑出现,其环状框架是用有弹性的鲸须或金属丝制成,然后再用带子进行连接。材质轻便而结实,无论裙身体积如何庞大,它都可以保持原状。

《奥松维尔伯爵夫人》,让·奥古斯特·多米尼克·安格尔,1845年

裙

编号:2014.1.35425
年代:19世纪50—70年代

　　19世纪50年代的物质繁荣也反映在了服装的变化上,裙体变得越发宽大。起初,这种效果要靠在裙子下穿许多层衬裙来达到。后来,这些繁琐的衬裙被一种新式裙撑取代,这就是克里诺林裙撑。这件裙装胸前有交叉的褶裥装饰,有带流苏缘饰的钟形袖,腰部收紧,裙体宽阔,由三层几何印花织物组成。

巴瑟尔裙撑

　　巴瑟尔是一种裙撑,用来扩充或者支撑女裙后部的裙摆,在19世纪中后叶的裙装中占据了重要的位置。穿着时,裙撑覆于裙身之下,刚好在腰部以下的位置,使得裙摆免于拖曳。巴瑟尔裙撑上常常附有马毛,以维持其形状,支撑裙身。当时裙装上大面积的堆状裙褶和花边非常流行,在巴瑟尔的支撑下就如瀑布般从裙身背面倾泻而下。19世纪70至80年代,巴瑟尔裙撑有各种不同的形状,仅在1878—1882年,巴瑟尔短暂停止使用。

巴瑟尔裙撑

编号:2014.1.29714
年代:19世纪70—90年代

　　这件巴瑟尔裙撑整体修长,对裙子的臀部和尾部均能起到一定的支撑和造型效果。

《甲板上的舞会》,詹姆斯·提索,1874年

《舞会》,詹姆斯·提索,1880年

巴瑟尔裙撑

编号:2014.1.29712

年代:19世纪70—90年代

　　这件巴瑟尔裙撑较短,主要对裙子的臀部起到支撑作用。

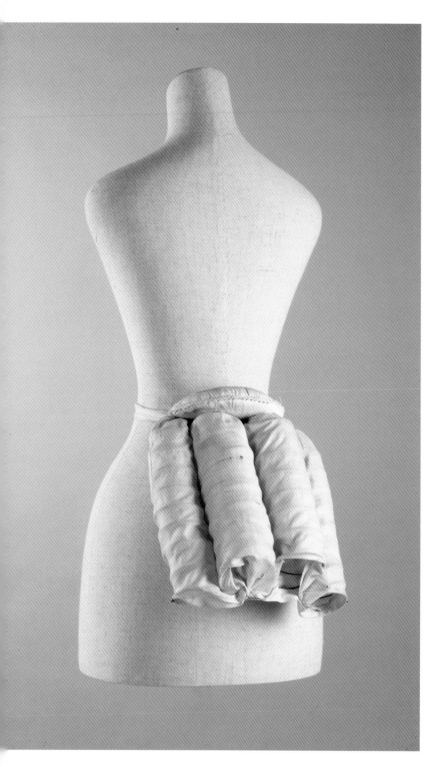

巴瑟尔裙撑

编号：2014.1.29709
年代：19世纪70—90年代

　　相比前两件裙撑通过围绕周身的骨架起支撑作用，这件裙撑比较简单，它仅垫有几个圆筒状的支撑物。

裙

编号：2014.1.36947
年代：19世纪50—70年代

　　1870—1885年间的时尚可以
精简地用两点来概括：一是用机器
缝制的、合体紧身的短上衣；二是
在本来是紧身合体的裙上堆砌装
饰了大量面料、花边和褶裥。

　　在巴瑟尔时期早期，裙子的
后摆较低，且有裙拖。到了1886—
1888年间，巴瑟尔风格达到鼎盛
时期，为了强调翘起的臀部，裙摆
后部常常装饰有垂褶、花边和蝴
蝶结。

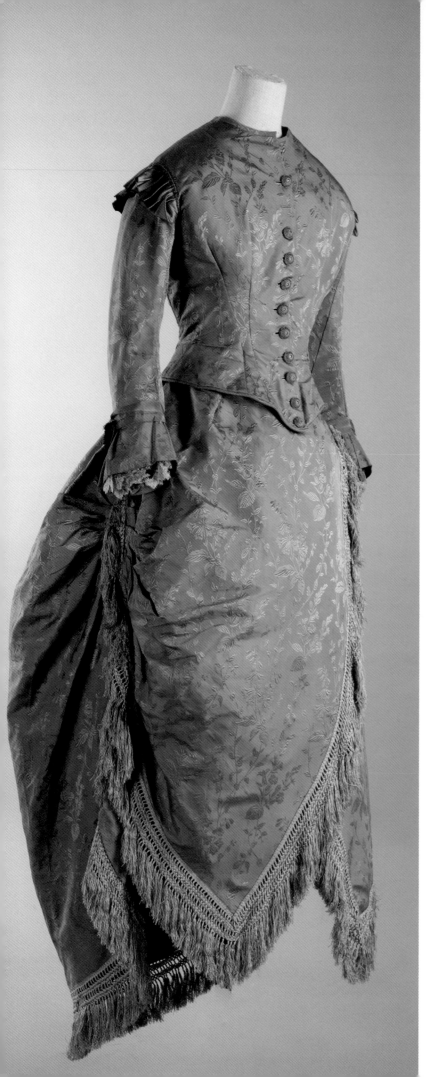

裙

编号：2014.1.35592
年代：19世纪70—90年代

19世纪60年代中期，克里诺林裙撑开始向裙身背面转移，前面变得较为平坦，到了60年代末则被巴瑟尔完全取代。巴瑟尔强调女性的臀部体积，这也是19世纪70年代西方女装的典型外部特征。这件有流苏装饰的裙装就属于这个时期。

裙

编号：2014.1.242

年代：19世纪70—90年代

　　这组深紫色裙装由同色系的一件长外套和一条长裙组成。外套的立领与袖口处装饰有浅紫色蕾丝。裙子的下摆缝制了一层褶边。

裙

编号：2014.1.36028
年代：19世纪70—90年代

　　这组深蓝色裙装由同色系的一件丝绒质地中长外套和一条长裙组成。外套为翻折领，袖口装有与门襟一致的金属钮扣。长裙的下摆加细褶，并用面料折叠出一列呈几何形状、排列规则的装饰图案。

帽

编号：2014.1.35212
年代：19世纪60—90年代

　　软帽和圆边礼帽盛行至19世纪60年代。此后，一种小巧、优雅的帽子样式开始出现，佩戴时仅仅覆于头顶部。至19世纪70年代，当精致的假髻开始兴起时，帽体变得更为小巧。

紧身胸衣

　　紧身胸衣最普遍的用处就是塑身，并且使得穿着者的身形符合时尚的廓型。19世纪40年代，紧身胸衣的骨架变得更为密集。到了1850年后，钢制骨架开始流行，随着金属扣眼孔的出现，穿系的带子可以扣合得很紧。扣眼孔的位置也发生了改变，于背后交错排列。在19世纪50至70年代，随着窄体廓型的流行，开始强调胸部、腰部和臀部曲线。人们使用紧身胸衣来支撑外裙，并分散来自克里诺林和巴瑟尔裙撑的压力，以塑造富有曲线美的廓型。

紧身胸衣

编号：2014.1.793
年代：19世纪下半叶

　　这件背心式胸衣用白色棉布缝制而成，衣身较长。

紧身胸衣

编号:2014.1.794
年代:19世纪下半叶

　　这件胸衣主要用蓝色皮革缝
制而成,穿着时形成一个倒三角的
轮廓,背部系带。

帽

编号:2014.1.35210
年代:19世纪60—90年代

深红色的纱帽,配黑色缎带。

裙

编号:2014.1.36025
年代:19世纪80—90年代

这件裙装主体使用浅藕色
塔夫绸,在各衣片的边缘缝制
上叶片形状的深红色丝绒镶
边,富有创意。

裙

编号:2014.1.37255
年代:19世纪90年代

　　这件丝质裙装高领,有羊腿袖,在颈根围和腰部通过几个褶裥收紧。裙子长而拖地,外观呈钟形。19世纪90年代,巴瑟尔裙撑从女性服装中消失,裙子又恢复了其平滑的外观。

鞋

编号:2014.1.16845
年代:19世纪

　　这双白色高跟鞋上的漩涡形纹饰非常抢眼,鞋舌部位搭配镶钻方形扣和蕾丝装饰。

欢乐的90年代

大约在19世纪80年代末，巴瑟尔裙撑达到其最夸张的形态。在19世纪的最后十年里，巴瑟尔突然衰退，变成小垫子类的支撑物填置于腰部正后方。服装的廓型在一段时期内突然转变成沙漏型，我们常常指称这段时期为"世纪之交"或者"欢乐的90年代"。羊腿袖又一次流行，其于袖山处隆起，肘部至腕部逐渐收紧。

裙

编号：2014.1.35602
年代：19世纪90年代

19世纪90年代中期，裙子呈现A型轮廓，宛若垂钟。90年代后期，袖形趋向合体，常常在肩部有一些皱褶，而在腕部收紧。裙子则呈喇叭形，线条自膝盖上方开始扩张，更加贴合臀部。

裙

编号:2014.1.35608
年代:19世纪90年代

　　这件裙装的特色在于前胸衣片使用了不对称的设计,整体面料使用了棕色条纹丝绸搭配深棕色丝绒镶边,腰间配丝绒腰带。

三、20世纪西方服饰艺术

第一次世界大战彻底推翻了西方旧的社会制度和价值观，女性走出家门积极融入世界，她们抛弃紧身胸衣并寻求更多的功能性服装。高级时装在20世纪上半叶引领时尚，也是在这一时期，巴黎高级时装通过各种媒体传播到全世界。两次世界大战对时装的影响无疑是巨大的，经过二战的混乱后，西方社会在20世纪60年代进入了一个大众消费的时代。技术的创新加速了人造纤维的发展，由此，价格相对低、质量又好的高级成衣应运而生。20世纪70年代，社会审美有了剧烈的转变，大众对服装有了新需求，街头时装成为时尚的一个重要灵感。巴黎一直是时尚和精致工艺的中心，但是20世纪70年代以后，米兰、纽约、东京等各城市加入了这个行列，成为繁荣新趋势。

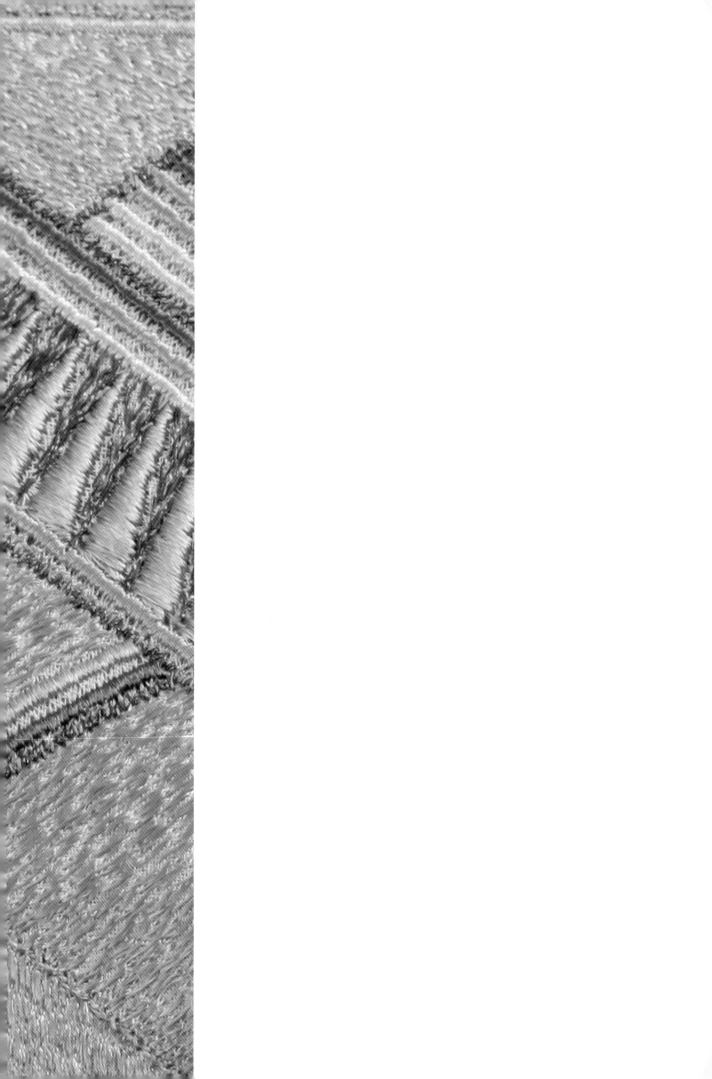

Ⅰ 跌宕不拘 / 逐新趋简

20世纪，西方社会进入深刻的变革期。一战所带来的世界格局的变化，科技的迅速发展，以及文学、音乐和艺术的推陈出新，使得传统的制度和价值观被打破。极端的造型带来的对身体的束缚已经不适应社会的发展。1910年后，女装造型逐渐向简单的直线型发展。

20世纪20年代的时尚被定义为男孩样。波波头、吊钟形女帽、平胸低腰上衣和及膝的直线型短裙是当时的流行时尚。爵士乐、探戈和查尔斯顿舞风靡一时。有着亮片、雪纺绸下摆的服装变得十分时髦，因为这些元素可以在跳舞时发挥功效。

1929年，华尔街股市的崩盘标志着社会的动荡。到1930年，男孩样的流行风尚完全消失，女性的曲线和长裙又重返时尚舞台。经济萧条时期的日装是一款宽肩和曲线相结合的过膝裙装，女性的独立自我意识与优雅气质相得益彰。

套装

编号:2014.1.238
年代:20世纪10年代

　　绛紫色暗花丝绒套装,受日本
和服袖形的影响,袖形独特,裙子
高腰,有层叠,搭配同色羽毛装饰
宽檐帽。

外套

编号:2014.1.240
年代:20世纪10年代

20世纪10年代东方风情流行,
西方服饰样式受波斯、印度、日本
等文化影响。这件绿色丝绒晚装长
外套复制了日本和服款式,长而宽
的袖子,落肩的设计,衣身茧型,腰
处横收褶,用一粒扣固定。

89

裙

编号:2014.1.36962
年代:20世纪10年代

　　20世纪10年代,衣服不再分成上衣和裙子两部分,高腰围和直线轮廓是当时的流行。这件裙子用蕾丝和蓝色丝绸多层次装饰,后面有一个长的拖尾。多层次的半裙设计预示着即将来临的短裙时代。

裙

编号:2014.1.35574
年代:20世纪10年代

　　这套毛呢旅行裙装,廓型为直线型,腰部宽松,是装饰性服装向功能性服装转变的实例。

套装

编号:2014.1.2716
年代:20世纪20年代

　　这套两件式女装,对襟的直
外套,里面是米色乔其纱直身
款式简单,是女性功能性套装的
身。胸前抽褶装饰,裙子部分和
套采用了强烈色彩对比的迪
术的几何图案刺绣装饰,折线
硬、锐利、不稳定的特性与真丝
料的柔软飘逸相冲撞,丰富了月
的视觉效果。

"夫拉帕"装

　　"夫拉帕"被用来特指20世纪20年代的新女性。由于经历了残酷的战争,她们深知美好的事物瞬间即逝,坚信"只为今日"。"夫拉帕"女孩充满叛逆,爱好爵士乐,穿着连衣短裙,敢于露出手臂和小腿,热衷于各种玩乐和舞会。

　　"夫拉帕"女孩有其标志性装扮:留短发,穿着平胸、低腰线、H型轮廓的裙装。这种搭配使女孩们看上去年轻而有男孩子气。

裙

编号:2014.1.1580
年代:20世纪20年代

　　20世纪20年代的无袖舞裙,黑色网纱面料上用黑色珠子、蓝色亮片装饰,上半身珠串拼出大朵的玫瑰花,低腰线下加密的珠片形成了加重色彩的不透明裙摆,前中下部、右侧缝有开衩。舞者穿着时裙摆摇曳,流光溢彩。

裙

编号：2014.1.474
年代：20世纪20年代

　　这件吊带款"夫拉帕"裙，黑色网状合成材料作为基底，上用金属卡扣铺满形成菱形图案，大量运用了埃及几何图形纹样，充满东方异域风情。

裙

编号:2014.1.1375
年代:20世纪20年代

　　这件爵士时代的典型的"夫拉帕"裙,几乎聚集了所有20世纪20年代的流行元素,轻薄的曙红色雪纺面料,深V领,管状廓型,珠片刺绣几何图案,是迪考艺术风格的体现。流苏状的珠串和熠熠发光的钉珠、莱茵石、亮片的装饰使之成为舞会的焦点。女性着短裙时展示的腿部优美的曲线,肌肤的魅力,即便裙装造型简单,也因身体若隐若现的裸露而显得女性味十足。

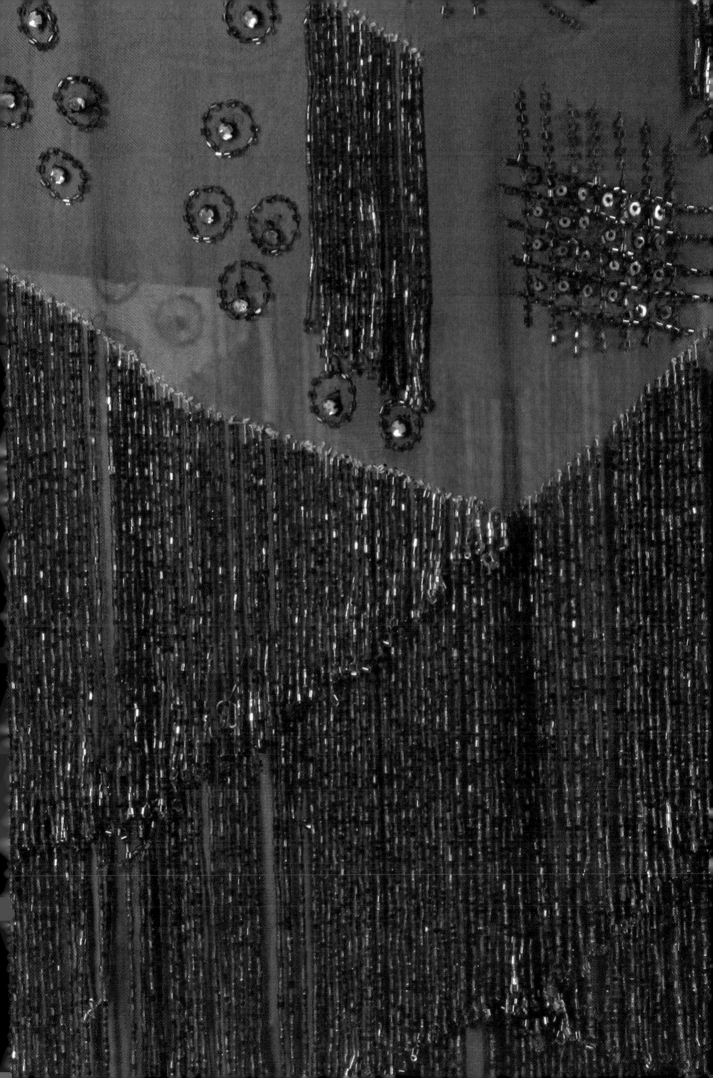

裙

编号:2014.1.726
年代:20世纪20年代

　　无袖的深蓝色网纱珠片舞裙
是20世纪20年代中期的时尚款型。
蓝色、金色的亮片和钉珠在低腰处
缝缀成腰带状,圆领裙子后背为深
V型的露背款式。这件别致的舞裙
显现了迪考艺术流行的几何图案
和受古埃及文化的灵感启发的图
案和颜色,给服装艺术带来与众不
同的新感受。

20世纪20年代被称为"咆哮的20年代"或"爵士时代",探戈、查尔斯顿舞正在流行,舞者们醉心于这种节奏欢快的音乐。通过舞蹈动作能展现出服装的美感,如亮闪闪的珠片和流苏装饰,风靡一时。

这几件20世纪20年代末的经典款连衣裙,运用了轻薄透明的真丝乔其纱和悬垂感极佳的丝绒面料,柔软轻薄的丝绸流苏缝缀在腰间,形成不规则的裙摆。飘逸的裙裾不但在视觉上增加了裙子的长度,还倍增优雅风度。它标志了20世纪20年代末期短裙时代的结束和30年代长裙流行的开始。

裙

编号:2014.1.541
年代:20世纪20年代

裙

编号:2014.1.2977
年代:20世纪20年代

裙

编号：2014.1.1874
年代：20世纪20年代

裙

编号：2014.1.534
年代：20世纪20年代

裙

编号：2014.1.2562
年代：20世纪20年代

　　这件象牙白"夫拉帕"连衣裙，
裙子的里布为真丝材质，外层为网
眼钩编质地，大朵的钩编花卉从胸
前一直缠绕到脚踝，裙子直身，无
腰线结构。

外套

编号:2014.1.1057
年代:20世纪20年代
品牌:Aux Galeries Lafayette
巴黎老佛爷百货

　　这件棕黄色真丝晚装外套,翻领长袖,驳头、袖口、底摆处有层叠金色流苏装饰,呈现极好的流动及悬垂感。藏品有领标,上标有"Aux Galeries Lafayette"。

外套

编号：2014.1.4803
年代：20世纪20年代
品牌：Hind & Harrison
　海德和海瑞森

　　在20世纪20年代，女装追求轻薄裸露，穿着一件温暖的外套就显得非常必要。外套通常做成和服的式样，将整个身体包裹住。这件藏品是棕色的海虎绒大衣，自从19世纪末人造纤维发明后，这些人造皮毛具有的保暖性及易清洗等特性就受到大家的青睐。

在整个20世纪20年代,钟形帽是最具有代表性的女帽。女帽的材质有草编、纺织面料等,尤其特别多地使用毛毡,装饰手法有打褶、串珠、刺绣、贴布绣等。尽管一般都认为钟形帽是无边的,但从1922年到1925年,钟形帽前沿有很短的帽檐,1926年后更宽些的帽檐和不对称的帽檐开始流行。

帽

编号:2014.1.18367
年代:20世纪20年代

帽

编号:2014.1.18649
年代:20世纪20年代

帽

编号:2014.1.35276
年代:20世纪20年代

20世纪20年代,轻薄纤细的裙装一般舍弃了口袋,作为20世纪的新女性,她们工作、旅行、开车,手包要装香烟、化妆品等所有的必需品,但既不能太笨重,更要小巧时尚。手包通常由皮革制成,多有体现中国、古埃及、非洲和立体派艺术风格的装饰。与礼服丰富色彩搭配的手包,是服装的点睛之处。

包

编号:2014.1.18875
年代:20世纪上半叶

包

编号:2014.1.19015
年代:20世纪上半叶

20世纪20年代,女士的鞋变得轻巧美观。尖头带扣襻的设计,即使跳查尔斯顿舞也不易脱落。鞋跟不太高,很坚固,鞋面一般都采用与舞裙一色的面料,如丝绸、织锦、金属线交织的小羊皮等,非常华丽。

鞋

编号:2014.1.15378
年代:20世纪20年代

鞋

编号:2014.1.15332
年代:20世纪20年代

斜裁技术

　　斜裁技术是裁片的中心线与布料的经纱方向呈45度夹角的裁剪法。斜裁技术在追求曲线美的20世纪30年代变得非常有用。设计师们利用面料在斜向上具备更佳延展性的特性，采用斜裁技术，使得服装柔软而垂坠，更能突出身体的曲线。20世纪20至30年代，斜裁是设计师玛德琳·维奥芮作品极具代表性的特征。

裙

编号:2014.1.2737
年代:20世纪30年代

　　这条裙子被分割成两部分,以
三角缝拼接直丝和斜丝两块面料。
金银线织物采用金属线交织,光泽
度好,是晚装的首选。由于斜裁,这
条金银线织物裙悬垂性好,展开后
宛若流动的液体金属。

裙

编号:2014.1.1174
年代:20世纪30年代

这件黑色的晚装,胸部采用褶皱,腰部合体,运用了当时流行的斜裁技术,突出女性的S型曲线。蓬松的透明黑纱泡袖设计、闪亮的锆石点缀、手臂的若隐若现、深V型的露背效果、细长的身影,构成了20世纪30年代浪漫风。

20世纪30年代,大量的女性设计师涌现,如加布里埃·香奈儿、珍妮·郎万、玛德琳·维奥芮、夏帕瑞丽等。

　　作为巴黎高级女装的重要人物,珍妮·郎万于1890年在巴黎创立自己第一家时装店,主要经营女帽制造和销售,1909年,她为女儿设计的服装广受欢迎,以致于她开始着手设计女装,并因此成为第一个能满足各年龄群体的设计师。

　　她的时装并不走性感和新颖奇特的路线,她引入年轻元素,简洁、天真浪漫的裁剪,清新的色彩,以及后来极富盛名的"朗万蓝",使得任何一个年龄段的女性看起来都富有女人味和浪漫气息。她效仿18世纪的设计,用柔软飘逸的面料制成长及脚踝的袍式裙装,在历史上风靡一时。

裙

编号:2014.75.2
年代:20世纪30年代
设计师:Jeanne Lanvin
珍妮·郎万(1867—1946年)

　　这件精美的裙装来自郎万的高级定制,黑色丝绸质地,简单不易过时,非常适合鸡尾酒会或者红毯场合。多层薄纱堆叠,增强了肩部柔和视效。裙摆底边开衩,便于活动。跳舞时,当前襟的丝带装饰飘起,效果极佳。

裙

编号:2014.1.950
年代:20世纪30年代
设计师:Jeanne Lanvin
珍妮·郎万(1867—1946年)

　　这套鹅黄色女套装,开襟外套,类似和服的宽袖,袖部贴有绗缝丝质布片装饰,里面是一条希腊风格的褶皱裙,但只限于前片,后片用腰带形成自然褶皱。"Jeanne Lanvin"的商标位于裙摆处。

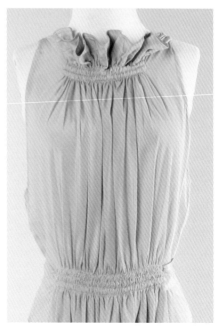

裙

编号：2014.1.949
年代：20世纪30年代
设计师：Valentina
华伦蒂娜（1904—1989年）

　　设计师华伦蒂娜夫人出生在俄国，曾是一名芭蕾舞者，移民到美国后凭借她独特的审美，1923年，在纽约开了一个小时装屋，自此，开始了她的服装设计师生涯。在20世纪30至40年代，她装扮并造就了一大批一线明星，如凯瑟琳·赫本、玛琳·黛德丽以及葛丽泰·嘉宝。

　　该藏品为一件黑色长袖真丝绒连衣裙，领口有金色乱针刺绣，宛如古埃及的金色项圈，长袖上一排金色扣子，左袖边有一圈金色刺绣与领圈相呼应。款式简洁但装饰独特。

裙

编号:2014.1.1033
年代:20世纪30年代
设计师:Jenny
珍妮（1868—1962年）

　　该藏品为一件灰绿色连衣裙，前门襟拼接宽5厘米红色面料，腰节处有斜插袋，领口和插袋口有羽翎纹刺绣装饰，红绿两色拼接的腰带上有同花色刺绣，款式比较简洁，但色彩对比强烈，细节设计呼应。在1909年，珍妮·萨塞尔多特和她的私人设计师Marie La Corre组建了一个名为珍妮（Jenny）的公司，主要设计晚装和下午装，风格简洁但又不失独特的装饰。她最喜欢的颜色是暗粉色，如灰粉色和蓝粉色，或是常见的红色、绿色和棕色。

裙

编号:2014.1.2714
年代:20世纪30年代

　　酒红色丝绒套装,外套开襟、
袖口及裙装上均采用兼具装饰性
和实用性的同色包扣,裙悬垂及
地,柔软而具有流线型的丝绒面料
凸显女性优雅曲线,是20世纪30年
代的流行样式。

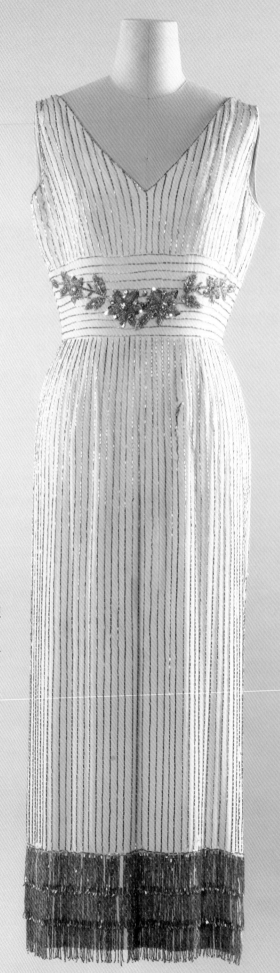

裙

编号:2014.1.908
年代:20世纪20—30年代

　　白色无袖裙装,金银色流线型
串珠缝缀,腰节部位有锆石花朵,
裙摆珠管流苏装饰,跳起舞来,令
人眼花缭乱,甚是动人。

裙

编号:2014.1.2883
年代:20世纪30年代

　　灰蓝色翻领带有复古的气息，增强整体廓型，领口、胸部用红色交叉线条装饰，领缘及裙摆红色镶边。裙子运用了斜裁手法，后背有开衩，当时女性的曲线是彰显的重点。

II 动而若静/娴雅清致

二战期间，由于材料短缺和严格的配给体系，细长的轮廓与短裙成为主要造型。1945年战争结束后，法国的时尚界迅速重新焕发活力。高级时装开始复兴，一大批在服装界闻名遐迩的设计师出现。20世纪50年代，年轻人开始形成自己的时尚文化，电影明星成为时尚新偶像。

裙

编号：2014.1.1721
年代：19世纪40年代

　　二战期间，很多女性参军，更多女性进入志愿组织服务。女装受到军装和男装影响，图中的服装有当时的军装元素。

军服式女装

　　第二次世界大战大大促进了女装的现代化进程,随着全世界的关注点都集中到了军事和国防,军装风格形成,这是一种非常实用且男性味很强的现代装束。最常见的造型是套装、加了垫肩的方形肩部、皮带束腰、多功能大口袋。

大衣

编号:2014.1.54
年代:20世纪40—50年代

套装

编号:2014.1.5766
年代:20世纪40—50年代

套装

编号:2014.1.4237
年代:20世纪40—50年代

　　深灰色细条纹毛料套
装,带垫肩,腰部抽褶装饰,
小翻领上装搭配A型半裙。

套装

编号:2014.1.4268

年代:20世纪40—50年代

　　二战后,实用性套装直到1952年左右才被淘汰。该款服装为小翻领,绿色丝绸面料上装饰有银片。宽垫肩、收腰、窄裙是当时的典型款式。

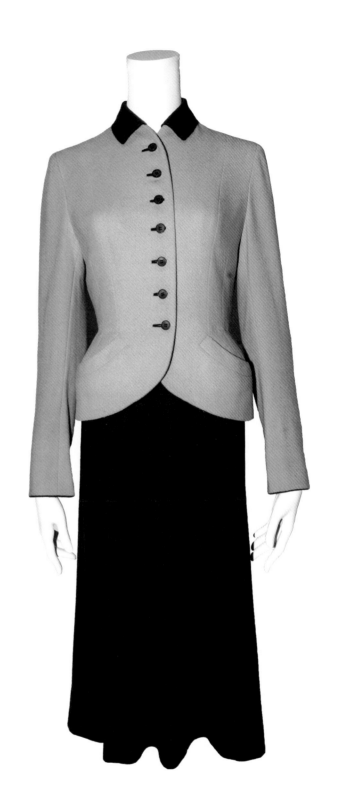

套装

编号:2014.1.1071
年代:20世纪40—50年代

高级时装业的复兴

20世纪50年代,巴黎高级时装业迎来了继20年代之后的第二次鼎盛期,人们再次感受到了高级时装的号召力,时尚买手和记者每年两次集中到世界时尚之都巴黎。期间,出现了许多有才华的设计师,比如克里斯汀·迪奥、巴伦夏加、巴尔曼和法斯等。

裙

编号:2014.75.1
年代:1954年
设计师:Christian Dior
克里斯汀·迪奥(1905—1957年)

这件迪奥高级定制服装出自1954年秋冬,是由克里斯汀·迪奥本人指导及设计的绝美范例。裙子由细纱构成,云般轻盈,黑色丝绒蝴蝶结在前方排列而下,线条优美,腰部纤细,钟形裙子饱满漂亮。

裙

编号:2014.75.4
年代:1958年
设计师:Pierre Balmain
皮埃尔·巴尔曼(1914—1982年)

　　皮埃尔·亚历山大·克劳·巴尔曼是法国设计师,作品以精致和优雅知名,他将服装称为"移动的建筑"。这件晚礼服由泡泡纱、数百颗手工缝制的绿松石和小珍珠制成,穿着时流光溢彩,交领、腰带以及高开衩营造出动人轮廓。

套装

编号:2014.75.3
年代:1951年
设计师:Cristóbal Balenciaga
克里斯托弗·巴伦夏加(1895—1972年)

　　巴伦夏加是时装史上为数不多能自己完成设计、裁剪和缝纫的时装设计师。他的很多作品被认为是高级时装的杰作。此套装由黑丝绒和棱纹丝绸所制,紧身上衣配合长裙,上衣用水晶按钮扣合,造型夺目的领子更衬托出了细腰。

裙

编号：2015.11.3
年代：1957 年
设计师：Maria Ricci
玛丽亚·里奇(1883—1970年)

　　玛丽亚·里奇于1932年在巴黎
创建了莲娜里奇时装屋。她将布料
缠绕在模特身上直接裁剪以确保
获得完美的造型，她的设计很快
以其精致浪漫、彰显女性特点而闻
名。这件装饰了多彩亮片的晚礼服
是为著名影星克劳迪娅·卡汀娜而
设计的。

多变的造型

　　克里斯汀·迪奥是一个造型大师，1946年12月建立自己的时装屋，1947年第一次举行了命名"花冠"的发布会，后来被称为"新风貌"的作品使其大获成功。之后，他还发布过众多服装造型，如1954年的H型、1955年的A型和Y型等。

套装

编号：2014.1.940
年代：20世纪50年代
设计师：Christian Dior
克里斯汀·迪奥(1905—1957年)

　　该套服装由迪奥时装屋出品，
由一件窄体吊带连衣裙、七分袖同
质外套和帽子组合而成。

套装

编号:2014.1.3198
年代:20世纪50年代
设计师:Jacques Fath
杰奎斯·法斯(1912—1954年)

    法斯是一个自学成才的天才设计师,富有创新能力。1937年,他发布了自己的第一件作品,1954年,在他42岁时却忽然去世。他的顾客名人众多,包括葛丽泰·嘉宝等。

    该件藏品是一条收腰挂脖式宽摆连衣裙配一件短外套。

裙

编号:2014.1.933
年代:20世纪50—60年代

　　棉质单肩设计条纹连衣裙,郎万时装屋出品。裙身侧边装拉链,裙摆用黑色流苏装饰。

鞋

编号:2014.1.15816
年代:20世纪50年代

　　红色露趾绸缎鞋。漂亮礼服需要一双优雅的鞋来搭配。高跟或者轻便舞鞋,迅速在20世纪50年代流行开来。

裙

编号:2014.1.4088
年代:20世纪50—60年代
设计师:Cristóbal Balenciaga
克里斯托弗·巴伦夏加(1895—
1972年)

　　20世纪50年代,西班牙籍技术
高超的设计师巴伦夏加致力于设
计简洁舒适的女装,追求创造性的
廓型,放宽肩部和腰身,强调服装
和身体之间的空间,并以此确立了
时尚流行的方向。这件褐色麻质无
袖连衣裙,结构简单,造型经典。后
背由左右衣片交叠出深V型,利用
腰部细褶塑造出饱满郁金香裙。

大衣

编号:2014.1.8144
年代:20世纪50年代
设计师: Cristóbal Balenciaga
克里斯托弗·巴伦夏加(1895—
1972年)

　　白色毛料翻领连袖大衣,结构
简单、裁剪精确,体现了巴伦夏加
20世纪50年代后创造的"半宽松"
样式,及对服装与身体之间舒适空
间的追求。

套装

编号:2014.1.4094
年代:20世纪60年代
设计师:Coco Chanel
可可·夏奈尔(1883—1971年)

　　1954年,夏奈儿认为属于她的
时代再次到来,以夏奈尔套装强势
回归。凭借其简洁的结构、强大的
功能性,夏奈儿套装在20世纪60年
代被全世界所接受,并代表了20世
纪的现代风格。该浅蓝色格纹粗花
呢套装,外套下摆的铜质链条、些
微弯曲的袖子、对称口袋、过膝
半裙都是"夏奈尔套装"的代表
性元素。

裙

编号:2014.1.3518
年代:20世纪50年代

　　在冷战和核威胁困扰的动荡背景下,年轻人开始形成自己的时尚文化,服装是为了展示自己的个性。新偶像如猫王喜欢穿的飞行员皮夹克、工装和蓝色牛仔服成为年轻人的新时尚,电影明星玛丽莲·梦露的穿着也为时人仿效。这件白色挂脖式连衣裙,与《七年之痒》中美国影星梦露角色所穿著名白裙款式相近。腰部打细密褶皱,以增加裙摆量,只是采用了厚质面料以防风吹裙起。

裙

编号:2014.1.3182
年代:20世纪50年代

　　黄黑相间格纹挂脖式棉质连
衣裙,菱形绗缝,前中七粒装饰扣,
后中用拉链闭合。

裙

编号:2014.1.132
年代:20世纪50年代

　　粉红色连衣裙,腰围收紧到58
厘米,后中线上由密密排列的包扣
扣合至腰部,裙身用相拼的两片三
角形布做出堆褶,前后共六个,构
思巧妙。

包

编号:2014.1.34828

年代:20世纪50年代

　　一个线条简洁的方形手袋是此时期女性最理想的配件。手袋的顶部设计有框架和金属扣,安全又时髦。

包

编号:2014.1.18978
年代:20世纪50年代

配有金属锁扣的黑色手包。

鞋

编号:2014.1.15749
年代:20世纪50年代

金色露趾凉鞋。

帽

编号:2014.1.18017
年代:20世纪40—50年代

帽

编号:2014.1.16047
年代:20世纪40—50年代

Ⅲ 法出多门／绰约多姿

　　时装，最初服务于士族显贵、社会精英，这一原动力，在20世纪60年代被彻底改变。出生于第一批婴儿潮的青年们，逐渐成为时装消费市场的主导，他们的品味和喜好变得更具影响力，甚至开始影响其父辈。各行各业的生意人开始将目光投向年轻人的消费市场。由此，服务于上流社会的高级定制不再一统天下，也不再是流行的唯一导向。时装风格因此日趋多元化。

　　70年代中期，时尚出现两种趋势，即经典务实与奢华惊艳。幸有伊夫·圣·洛朗、皮尔·卡丹、卡尔·拉格菲尔德等设计师的推陈出新，使得巴黎仍为世界时尚中心。米兰和纽约开始展现其不容小觑的实力。到70年代中期，意大利成为服装商业级制造大国，对巴黎时装行业构成了威胁。作为美国时尚的核心，随意而不失优雅的套装形式为20世纪后期涌现的大批设计师所传承并弘扬，如卡文·克莱恩、杰弗里·比尼、霍尔斯顿、拉尔夫·劳伦和唐娜·卡伦等。

迷你风貌

在英国,年青人的音乐品味和服装潮流息息相关。"摩登形象"（Mod-Look）,作为一种带有未来感的时尚形象,包括干练利落的几何廓型、娇俏的迷你样式,首先在英国如星火燎原般蔓延开来。20世纪60年代中期,A廓型成为包括连衣裙、半裙或大衣等各品类时装的通用廓型。这种形态修身、色彩明快的A小装,不仅成为英国所有精品店的热销产品,也成为势不可挡的潮流,席卷整个欧美。

裙

编号：2014.1.15029
年代：20世纪60年代中期
设计师：André Courrèges
安德烈·库雷热（1923—2016年）

这件极具20世纪60年代青春气息的圆领A型连衣裙，无袖样式，前中有黑色拉链。库雷热曾与英国设计师玛丽·匡特就究竟是谁发明了迷你裙的问题有过争论。对此，匡特的回应是："并非我，或是库雷热。真正的创造者应该属于那些女孩。"

裙

编号:2014.1.3725
年代:20世纪60年代

　以蓝色麻质面料制作的无袖
海军领迷你裙。该裙为前开身,门
襟七粒扣,裙身边缘均有白色织带
包滚装饰,并配有本布制6厘米宽
的腰带一条。

欧普风格

当欧普艺术及其前沿艺术家得到认同的同时，英伦年青风暴也正蓄势待发。1965年，题为"灵敏的眼睛"的欧普艺术展在纽约举行。一瞬间，欧普艺术图案从广告、家居用品到面料、服装，可谓铺天盖地。与此同时，已在英伦靡然成风的Mod风格，也跨过大西洋，风行于美利坚。两者结合而成的欧普时尚（Op Fashion）重视面料图案设计。

很多20世纪60年代的设计师使用以欧普艺术为灵感的面料进行设计。纯粹的欧普艺术常使用鲜明黑白对比及几何图案，而欧普艺术风格面料不仅有黑白对比，也有高纯度的原色对比，并与几何图案混合，如条纹、波点及其他抽象几何纹。

连体裤

编号：2014.1.932
年代：20世纪60年代末
设计师：Rudi Gernreich
鲁迪·吉恩莱希（1922—1985年）

将流行艺术巧妙融于时尚，是吉恩莱希对20世纪60年代时尚界的贡献之一。他对欧普艺术图案的热衷及应用，成为其设计作品的标志之一。此件针织连体裤即为其中一例。绿地蓝色波点图案结合针织紧身结构，视错感受，时代风格，彰明较著。由这件洋溢着青春及趣味的作品，不难领悟吉恩莱希关于服装趣味及功能的设计理念。

大衣

编号:2014.1.4060
年代:20世纪60年代

在20世纪60年代波普艺术运动影响下,条纹、波点等几何图案成为流行的服装面料图案。此外,随着阿波罗登月成功,太空风格也成为20世纪60年代流行潮流的一支,人造革、PV、树脂材料随之应用于服装及配饰中。此件双排扣、翻驳领中长大衣即为上述流行的印证。

靴

编号:2014.1.15351
年代:20世纪下半叶

　　此双中筒靴以黑色、透明合成材料制作,靴身后中嵌拉链,是典型的具有未来感太空风格的设计作品。

鞋

编号:2014.1.16711
年代:20世纪60年代

　　此双小圆头平底皮鞋,鞋面以黑白人造革相拼而成,黑白比例均衡,制作精良。

休闲时尚

　　随着过去自上而下的时尚流行方式的逆转，高级定制开始趋向平民化，法式优雅让位于英伦风暴。库雷热、皮尔·卡丹以及伊夫·圣·洛朗等设计师适时应对，开始在百货店售卖产品。

　　而在美国，各大型品牌商场纷纷与英伦设计师合作，将英伦时尚引进美国。与此同时，本土设计师与制造商的多种合作，为美国职业女性带来了更多休闲舒适的产品。

大衣

编号：2014.1.942
年代：1963—1969年
设计师：André Courrèges
安德烈·库雷热（1923—2016年）

　　安德烈·库雷热无疑是20世纪60年代法国时尚界最具影响力的设计师之一。从事时尚业之前，库雷热曾研读工科，后成为设计师巴伦夏加的助手。十余年学徒生活使得他深受其师以简驭繁美学理念的影响。他于1961年开创了个人品牌。此件中长大衣集中体现了库雷热式的线条、浓烈色彩及拉链细节。

大衣

编号：2014.1.6116
年代：20世纪60—70年代
设计师：André Courrèges
安德烈·库雷热（1923—2016年）

    此件保存完好的亮黄色皮质大衣，从用色到结构，均是20世纪六七十年代库雷热大衣设计的典范，同系列其他作品为美国大都会博物馆及费拉美术馆所收藏。

裙

编号：2014.1.938
年代：20世纪60—70年代
设计师：Emilio Pucci
埃米利奥·璞琪（1914—1992年）

　　埃米利奥·璞琪是战后时期
最先享誉全球的意大利服装设计
师。他的设计以简练廓型、明快色
彩及独特印花而独步当时。明艳花
色也成为其品牌的标志，璞琪则被
媒体誉为"印花王子"。
　　这件高腰、圆领长裙图案由不
规则大小方块构成，色彩及纹样形
态均是璞琪20世纪六七十年代的
典型样式。

套装

编号:2014.1.226
年代:20世纪60年代
设计师:Ottavio Missoni
奥塔维奥·米索尼(1921—2013年)

　　作为意大利本土品牌,米索尼始创于1958年,主攻针织服装市场,以融艺术与技术为一体的针织衫产品闻名。1961年,米索尼领先研发了新型的混编原材料及染色技术,并形成了保留至今的标志性图案风格:交错条纹、波状及曲线条纹。

套装

编号:2014.1.400
年代:20世纪60年代
设计师:Bonnie Cashin
邦妮·卡(1907—2000年)

　　邦妮·卡被认为是现代时尚界
的伟大开拓者之一。她热衷于观察
生活,设计迎合战后美国独立女性
生活所需的实用服装。作为一名成
功的成衣设计师,她与不同的制作
商合作,进行不同类型产品开发,
以求给于活力的都市女性以更多
样化选择。20世纪50年代,她先后
获得了内曼·马库斯时尚大奖以及
科蒂时尚评论奖。

大衣

编号:2014.1.943
年代:20世纪60年代
设计师:Bonnie Cashin
邦妮·卡(1907—2000年)

　　邦妮·卡的设计极具标识性，包括斜纹花呢、皮革及斜纹棉布等不同面料混合使用，大翻领、钱包式口袋结构以及皮革包边等。此件斗篷领中长大衣以羊毛面料制成，前开系钮，皮条包滚，腰系皮带。

外套

编号:2014.1.5499
年代:20世纪70年代
设计师:Yves Saint Laurent
伊夫·圣·洛朗(1936—2008年)

　　此件白色西装为戗驳领女士西装。20世纪70年代,圣·洛朗先生曾将许多传统的男装元素融入女装设计中,如男士西装、猎装元素等,也因此带来了20世纪70年代盛行一时的中性风潮,此件西装外套即为其中一例。

套装

编号：2014.1.2034
年代：20世纪80年代
设计师：Novma Kamali
诺玛·卡梅里 (1945—)

　　白色女士套装，上衣为戗驳领，合体西装样式，下为侧开衩合体一步裙。其合体紧凑的结构形态具有职业套装的特征。

套装

编号:2014.1.927
年代:20世纪80年代
设计师:Gianni Versace
詹尼·范思哲(1946—1997年)

　　范思哲是20世纪晚期极具才华、最擅长于运用色彩的设计师之一。本套藏品为范思哲品牌副线产品,是由外套、紧身连体裤及短裙构成的三件套。这条产品线风格倾向年轻休闲,价位更易于年青人所接受。相对于主线而言,副线产品在保留范思哲品牌特征的同时,融入了更多当季流行元素。

米兰时尚

依赖于美国的休闲服装市场,意大利成衣时尚在20世纪60年代得以进步。如璞琪及米索尼等品牌通过色彩图案的独树一帜,为意大利打造了艺术与技术完美结合的行业形象,也成为20世纪60年代时尚界不容小觑的一环。

20世纪70年代中期,凭借出色的商业模式和加工技术,方兴未艾的意大利时尚产业很快成为法国的竞争对手。20世纪80年代,意大利时尚已成为本国第三大产业。在众多出色的意大利设计师中,詹尼·范思哲和乔治·阿玛尼是其中的佼佼者。两者设计风格迥异,前者光艳四射,性感撩人;后者崇尚经典,低调务实。两者的鲜明反差,一如时代缩影。

外套

编号：2014.1.941
年代：20世纪90年代
设计师：Franco Moschino
佛朗哥·莫斯基诺(1950—1994年)

莫斯基诺是一位富于创意、勇于破陈规的意大利设计师。他的服装美学充满幽默和怪诞的意向。1983年创立同名品牌"莫斯基诺"，其二线品牌"Cheap and Chic"接踵而生。"服装应当趣味化，应当传递讯息……"正如莫斯基诺所言，他的不少作品及广告犹如时尚的述评或解说词。这件黑白相间的外套，显然由流行拼图游戏的灵感而来。外套为驳领、单排三粒扣，衣长至臀。领标为"Cheap and Chic by Moschino"。

外套

编号:2014.1.5572
年代:20世纪60年代末—70年代
设计师:Jo-Kay杰欧卡

嬉皮风格

嬉皮是20世纪70年代民族风的始作俑者。其标志是天然的面料、明亮的民族风格图案以及绣花、蕾丝及流苏、绗缝等装饰,廓型款式长而松散。

连身裤

编号:2014.1.10994
年代:20世纪70年代

此件印花连体裤为无袖、阔腿裤样式。1975年前后,连体裤极为流行,其款式变化集中于袖型,由无袖到超长袖,变化多端。而裤口则多为大裤脚的阔腿裤样式。

鞋

编号:2014.1.15809
年代:20世纪末

红色厚底高跟皮鞋,方跟、圆头。厚底鞋(Platshoes)出现于20世纪70年代,是Disco风格中的重要组成元素之一。此后成为基本的鞋型之一,至今仍广受欢迎。

裙

编号：2015.11.6
年代：1974年
设计师：Pierre Balmain
皮埃尔·巴尔曼(1914—1982年)

　　自20世纪40年代以来，巴尔曼品牌以精致剪裁的日装、极致妩媚的晚装而闻名。这件晚礼服是巴尔曼于1974年为明星唐娜·米歇尔量身定制之作。单肩黑色打底裙合体收身，裙长及脚踝，外束深绿丝质灯笼短裙，并以宽阔紫色腰带系缚。

高定延续

　　自20世纪60年代年青风暴后,成衣(Ready-to-wear)市场成为服装设计与生产的主流。但在法国,仍有不少高级定制(Haute Couture)品牌在为少数上流社会群体服务,其制作设计产品多为晚装。

裙

编号:2015.11.2
年代:1975年
设计师:Loris Azzaro
洛里斯·阿莎罗(1933—2003年)

　　洛里斯·阿莎罗是一位意大利籍法国设计师。20世纪60年代中期,他开始在巴黎发展事业。他以修身合体的黑色晚礼服设计而闻名于法国上流社会。这件黑色鸡尾酒会晚装是洛里斯·阿莎罗为歌手索菲娅所设计。该裙为X型廓型,袖及裙摆以褶裥用透明黑色雪纺制作,与上身合体及闪亮的装饰形成对比。

裙

编号：2015.10.1
年代：1979年
设计师工作室：House of Patou
帕图（创立于1919年）

这件长至脚踝的墨绿色丝质礼服裙，呈管状柱型廓型，单肩造型，肩袖有果绿、墨绿、铁锈红等珠片装饰，立体珠饰为长藤叶状，平贴珠片仿叶脉纹路，袖口红色珠饰作锯齿纹。

帕图品牌由琼·帕图（1887—1936年）于1919年创立，至1987年停业。设计师有创立者琼·帕图及马克·博汉、卡尔·拉格菲尔德和克里斯汀·拉克鲁瓦，诸位名家创作了无数佳作。

裙

编号：2015.11.4
年代：1985—1986年
设计师：Jean-Louis Scherrer
琼-洛里斯·谢勒(1935—2013年)

　　1956年，谢勒入职迪奥品牌，与伊夫·圣·洛朗同为迪奥的助手。迪奥离世后，谢勒先后担任迪奥品牌两位设计师（圣·洛朗及路易·费罗）的助手，直至1962年自立品牌。20世纪60年代中期，美国大型百货波道夫·古德曼曾享有复制或转售谢勒设计作品的专有权。

套装

编号:2015.11.5
年代:1999年
设计师:John Charles Galliano
约翰·查尔斯·加利亚诺(1960—)

  1988年,加利亚诺以一等荣誉学位毕业于著名的中央圣马丁艺术学院。作为一位20世纪60年代出生的新生代设计师,他十分了解服装历史,其首个系列即以法国大革命为灵感,系列颇受好评,且被英国布朗精品店所买断。经过几年的沉浮,加利亚诺于1995年执掌品牌纪梵希,次年离开并成为迪奥的首席设计师。十五年之后,因丑闻而离开。加利亚诺的设计一向被认为富于创意且充满戏剧性。事实上,他痴迷于历史服装,时常游走于古装店以寻求新系列的灵感。该套装由钉珠上衣和粉色半裙组成。

饰品展区说明

　　该区域集中展示了19至20世纪中后期的服饰品。包括：鞋子，从鱼嘴鞋到绑带靴，或绣花或串珠或拼接装饰，以及鞋楦；包类，从手拿包到背包，或织物或金属或皮革制成，以及旅行包；另外，还有首饰、香水瓶，以及妆饰工具等生活中的精致小物。

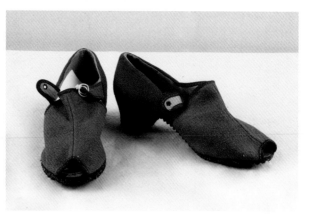

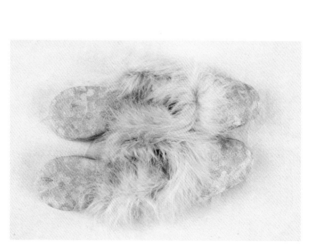

参考文献

[1]James,Laver.Costume and Fashion:A Concise History[M].London:Thames & Hudson,2012.

[2]Anne,Buck.Victorian Costume and Costume Accessories[M].London:Herbert Jenkins,1961.

[3]Cunnington,C. W.,Phillis.A Handbook of English Costume in the Nineteenth Century[M].London:Faber,1970.

[4]Blum,Stella (ed).Victorian Fashion and Costumes from "Harper's Bazaar"1867—1898[M].New York:Dover.New York,1974.

[5]Dalrymple,Priscilla Harris.American Victorian Costume in Early Photographs[M].New York:Dover,1991.

[6]Gernsheim,Alison.Victorian & Edwardian fashion:a photographic survey[M].New York:Dover Publications,1981.

[7]Ewing,Elizabeth W. Fashion in Underwear[M].London:Batsford,1971.

[8]Waugh,Nora.Corsets and Crinolines[M].London: Batsford,1970.

[9]Elizabcth Ewing. History of twentieth century fashion[M].London:Batsford.1974.

[10]Valerie D Mendes.Women's Dress since 1900:400 Years Fashion[M].London:V&A,2010.

[11]Kathryn Hennessy.Fashion:The definitive history of costume and style[M].New York:DK,2012.

[12]Reiko Koga.20th Century·First Half,Fashion:The collection of the Kyoto Costume Instiute.Vol 2 [M].Köln:Taschen,2011.

[13]Reiko Koga.The Influence of Haute Couture-Fashion in the First Half of the 20th Century,Fashion:The collection of the Kyoto Costume Instiute [M].Köln:Taschen GmbH,2015.

[14]Charlotte Seeling.Fashion:The century of the designer 1900—1999 [M].Colonge:Könemann,2000.

[15]Cat Glover.The Thames & Hudson Dictionary of fashion and fashion designers[M].London:Thames & Hudson,2008.

[16]李当岐.西洋服装史[M].北京: 高等教育出版社,2005.

[17]卞向阳.国际服装名牌备忘录(卷一) [M].上海:东华大学出版社,2007.

图片来源

[1]Emmanuelle Serrière.The invention of the lable,Parris Haute Couture [M].Paris:Flammarion,2012:26.

[2]April Calahan & Cassidy Zachary.Fashion and the art Pochoir:The golden Age of Illustration in Paris[M].New York:Thames & Hudson Inc.,2015:162,174.

[3]Charlotte Seeling.Fashion:The century of the designer 1900—1999 [M].Colonge:Könemann,2000:84,96.